Ange-Yvette Uwitonze

O estado da arte da Elefantíase nos países da África Oriental

Ange-Yvette Uwitonze

O estado da arte da Elefantíase nos países da África Oriental

Avaliação da Fase I da Elefantíase nas áreas vulcânicas do Ruanda. Lições do distrito de Musanze

ScienciaScripts

Imprint

Any brand names and product names mentioned in this book are subject to trademark, brand or patent protection and are trademarks or registered trademarks of their respective holders. The use of brand names, product names, common names, trade names, product descriptions etc. even without a particular marking in this work is in no way to be construed to mean that such names may be regarded as unrestricted in respect of trademark and brand protection legislation and could thus be used by anyone.

Cover image: www.ingimage.com

This book is a translation from the original published under ISBN 978-3-330-33312-3.

Publisher:
Sciencia Scripts
is a trademark of
Dodo Books Indian Ocean Ltd. and OmniScriptum S.R.L publishing group

120 High Road, East Finchley, London, N2 9ED, United Kingdom
Str. Armeneasca 28/1, office 1, Chisinau MD-2012, Republic of Moldova, Europe
Printed at: see last page
ISBN: 978-620-7-92031-0

ÍNDICE

Agradecimentos

Reconheço a boa colaboração da Organização do Projeto Imidido, que permitiu aos autores recolher a informação necessária para este estudo. Estou também grato à minha organização-mãe, o INES-Ruhengeri, por ter proporcionado o ambiente propício para a realização deste estudo.

RESUMO

A filariose linfática, vulgarmente conhecida como elefantíase, é uma doença tropical negligenciada. A infeção ocorre quando os parasitas filariais são transmitidos aos seres humanos através dos mosquitos. A filariose linfática e a podoconiose são dois tipos principais de elefantíase, que vivem no sistema linfático e podem causar um inchaço extremo das extremidades e dos órgãos genitais. Estima-se que 4 milhões de pessoas sejam afectadas pela podoconiose em todo o mundo e que 5 a 10% da população se encontre em zonas endémicas.

Estes doentes não são apenas fisicamente incapacitados, mas sofrem perdas mentais, sociais e financeiras que contribuem para o estigma e a pobreza. Atualmente, 947 milhões de pessoas em 54 países vivem em zonas que requerem quimioterapia preventiva para impedir a propagação da infeção. Há falta de dados/informações actualizados sobre a prevalência da elefantíase no Ruanda.

Este estudo tentou responder à seguinte questão: quais são os agentes causais da elefantíase entre os pacientes que frequentam a Organização Popular de Imidido? Neste estudo, foi encontrada uma elevada prevalência de filariose linfática e/ou podoconiose entre os pacientes que frequentam a Organização Popular de Imidido.

Neste estudo, foram envolvidos 119 pacientes atendidos na organização popular de Imidido. As amostras de sangue dos doentes foram colhidas durante a noite e coradas com giemsa para serem analisadas ao microscópio. A podoconiose foi confirmada quando um resultado negativo para *Wuchereria bancrofti* foi encontrado na microscopia e, em seguida, foi utilizado um questionário estruturado para avaliar os factores de risco associados.

Nesta fase do estudo, os resultados mostram 100% de podoconiose e as mulheres foram mais afectadas do que os homens, com uma prevalência de 68,1% e 31,1%, respetivamente. Observou-se uma elevada prevalência de podoconiose entre os pacientes idosos analfabetos (>60 anos) e os pacientes agricultores são os mais afectados. Os sectores de Rugarama e Kinoni foram os mais afectados entre os sectores avaliados e o comportamento higiénico associado à doença.

Este estudo demonstrou que existe um ciclo vicioso de pobreza e podoconiose. Será efectuada uma análise aprofundada do solo vulcânico para explorar, confirmar e estabelecer a relação entre a podoconiose e o solo vulcânico em Musanze, no Norte do Ruanda.

LISTA DE ABREVIATURAS

CDC:	Centers for Disease Control
HC:	Health center
NTDs:	Neglected Tropical Diseases
SPSS:	Statistical Package for Social Sciences
IPO:	Imidido People's Organization
WHO:	World Health Organization

CAPÍTULO 1

INTRODUÇÃO GERAL

1.1   Antecedentes do estudo

As infecções por *Wuchereria bancrofti*, causadoras da filariose linfática (FL) e principalmente da podoconiose, continuam a representar um dos maiores problemas de saúde nos trópicos, onde a Organização Mundial de Saúde (OMS) considerou a FL endémica e a Aliança Global para a Eliminação da Filariose Linfática (GAELF) e da podoconiose. As montanhas vulcânicas de Virunga erguem-se no canto noroeste do Ruanda e proporcionam campos férteis para a agricultura de subsistência. No entanto, os homens e as mulheres que trabalham descalços nos campos podem desenvolver um linfedema (inchaço crónico) chamado podoconiose devido a um irritante de sílica no solo que leva a manifestações físicas devastadoras (Price *et al.*, 1976).

A filariose linfática e a podoconiose eram dois tipos principais de elefantíase, que vivem no sistema linfático e podem causar um inchaço extremo das extremidades e dos órgãos genitais. Os vermes filariais que vivem no sistema linfático causam a filariose linfática (FL); o verme parasita em forma de fio chamado *Wuchereria bancrofti* é transmitido aos seres humanos através da picada de mosquitos. A infeção prolongada por FL pode provocar um aumento crónico doloroso e desfigurante dos braços e das pernas de pessoas de todas as idades. Também causa inchaço grave nos órgãos genitais dos homens, uma condição conhecida como hidrocele. A doença era vulgarmente designada por "elefantíase" devido ao aspeto de elefante dos membros inchados nas pessoas mais gravemente afectadas (Ottesen *et al.*, 1997).

A infeção com LF pode causar graves, geralmente levando a linfedema por incapacidade física e incapacidade psicológica. Para além disso, os homens com hidroceles sofrem frequentemente de disfunção sexual. A filariose linfática também tem um impacto económico significativo quando a produtividade é reduzida devido às incapacidades causadas pelas doenças (Duke *et al.*, 1997).

A podoconiose (elefantíase endémica não-filarial) é uma doença não infecciosa causada pela exposição dos pés descalços a determinados tipos de solo. Se não for tratada, provoca um inchaço progressivo e uma desfiguração radical da parte inferior das pernas e dos pés. A podoconiose é sobretudo uma doença das pessoas que trabalham descalças nos campos, em especial em solos argilosos vermelhos de zonas vulcânicas de montanha. Pensa-se que as partículas de argila, absorvidas através de fendas e fissuras na pele do pé, são absorvidas pelo sistema linfático do membro inferior. Estas partículas parecem então reagir diretamente com as paredes dos vasos linfáticos, provocando uma falha do sistema linfático nas pernas, uma resposta inflamatória crónica e elefantíase (Destas *et al.*, (2007).

1.2 Declaração do problema

A infeção por filariose linfática mais disseminada deve-se a três espécies diferentes de filárias que podem causar filariose linfática nos seres humanos. A maioria das doenças de elefantíase a nível mundial é causada pela *Wuchereria bancrofti.* Na Ásia, a doença também pode ser causada por *Brugia malayi* e *Brugia timori.*

A infeção transmite-se de pessoa para pessoa através de picadas de mosquito. Quando o mosquito pica outra pessoa, as larvas de vermes passam do mosquito para a pele humana e deslocam-se para os vasos linfáticos. A filariose por *Wuchereria bancrofti* (98%) e a restante infeção por *B. malayi* (2%) são vulgarmente designadas por filariose bancroftiana e filariose bruciana, respetivamente. A Organização Mundial de Saúde (OMS) estima que em todo o mundo existam: Mais de um bilião de pessoas em risco de infeção, um terço vive em África, mais de 120 milhões de pessoas infectadas, 40 milhões vivem em África, 44 milhões de pessoas vivem com sintomas e a morte é possível (Molyneux *et al.*, 2002).

A podoconiose é um tipo de linfedema tropical que se distingue clinicamente da filariose linfática. Estima-se que 4 milhões de pessoas sejam afectadas pela podoconiose em todo o mundo e que 5 a 10% da população em áreas endémicas onde o uso de calçado é pouco frequente. As provas sugerem que a podoconiose é o resultado de uma reação inflamatória anormal geneticamente determinada a partículas minerais em solos de argila vermelha irritantes derivados de depósitos vulcânicos (Davey & Newport, 2007).

Com base nos problemas acima referidos e na falta de dados/informações sobre a situação da elefantíase no Ruanda, o investigador ficou interessado em levar a cabo esta investigação para avaliar a causa da elefantíase, que prevalece a um nível elevado em diferentes sectores do Distrito de Musanze, na Província do Norte do Ruanda, e os seus factores de risco associados.

1.3 Objectivos do estudo
1.3.1 Objetivo principal

O principal objetivo deste estudo foi avaliar as doenças filariose linfática e podoconiose e os factores de risco associados na organização do povo de Imidido.

1.3.2 Objectivos específicos

i. Identificar os agentes causais da elefantíase entre os pacientes que frequentam a Organização Popular de Imidido.

ii. Avaliar a prevalência da filariose linfática e da podoconiose entre os pacientes que frequentam a Organização Popular de Imidido.

iii. Avaliar os factores de risco das doenças filariose linfática e podoconiose entre os pacientes que frequentam a organização popular de Imidido.

1.4 Questões de investigação

As questões de investigação desta investigação não estão longe dos objectivos da mesma:

As questões que se esperam que sejam respondidas por esta investigação são as seguintes

i. Quais são os agentes causais da elefantíase nos pacientes que frequentam a Organização Popular de Imidido?

ii. Qual é a prevalência da filariose linfática e da podoconiose (filariose não linfática) entre os pacientes que frequentam a Organização Popular de Imidido?

iii. Quais são os factores de risco das doenças filariose linfática e podoconiose entre os pacientes que frequentam a Organização Popular de Imidido?

1.5 Hipóteses de investigação

i. *Wuchereria bancrofti* pode ser a causa de elefantíase entre os pacientes que frequentam a Organização Popular de Imidido.

ii. A prevalência da filariose linfática e da podoconiose pode ser elevada entre os pacientes que frequentam a Organização Popular de Imidido.

iii. O facto de não dormir com redes mosquiteiras, a exposição prolongada a pés descalços e os comportamentos relacionados com a higiene podem ser os principais factores de risco da filariose linfática e da podoconiose entre os pacientes que frequentam a Organização Popular de Imidido.

1.6 Escolha e interesses do estudo

1.6.1 Escolha do estudo

Quando alguém faz um passeio na cidade de Musanze, ele/ela aprecia primeiro o clima e muitas outras áreas atraentes no distrito. Se a pessoa for um cientista, observa que há muitas pessoas com elefantíase a circular na cidade do que noutras cidades do Ruanda. Isto motivou o investigador a avaliar a elefantíase e os factores de risco associados entre os pacientes que frequentam a organização popular de Imidido para conhecer as causas da elefantíase na região de Musanze.

1.6.2 Interesses do estudo

1.6.2.1 Interesse pessoal

Este estudo ajudará a investigar os factores de risco da elefantíase, o que nos ajudará a prevenir e, se possível, a erradicar a doença.

1.6.2.2 Interesse social

Através das recomendações desta investigação, sensibilizaremos as pessoas que vivem na região sobre as medidas consequentes para lutar eficazmente contra a elefantíase.

1.6.2.3Interesse académico e científico

Esta investigação contribuirá para a melhoria das medidas de controlo dos parasitas e os resultados poderão ajudar os futuros investigadores a realizar investigações aprofundadas para combater a doença da elefantíase na África Oriental.

1.7 Delimitação do estudo

Este estudo foi realizado sobre doenças de elefantíase em pacientes infectados no distrito de Musanze, Província do Norte do Ruanda, que frequentaram a Organização Popular Imidido durante um período de 3 meses, de agosto a outubro de 2016. A organização popular Imidido está localizada na parte central da cidade de Musanze, perto da Igreja Católica de Ruhengeri.

1.8 Metodologia de investigação

T ste capítulo descreve a metodologia utilizada para a realização deste estudo. É constituído pelos seguintes pontos: População do estudo, Tamanho da amostra, recolha de amostras, análise e considerações éticas. A metodologia é qualitativa, envolvendo discussões em grupos de discussão com uma amostra de 119 pacientes. Os dados recolhidos foram analisados e os resultados apresentados utilizando uma análise estatística descritiva e o Microsoft Excels.

1.9 Análise de amostras

As amostras de sangue dos doentes com elefantíase foram analisadas ao microscópio, através da análise da morfologia do parasita *Wuchereria bancrofti* (microfilárias). A podoconiose foi confirmada quando o resultado foi negativo e enfatizada pelos sintomas.

CAPÍTULO 2

REVISÃO DA LITERATURA

2.1   Filariose linfática (elefantíase)

2.1.1 Definição e história

A filariose linfática, também conhecida como elefantíase, é uma infeção parasitária causada pela *Wuchereria bancrofti, um* verme nemátodo transmitido aos seres humanos através da picada de mosquitos Culex e Anopheles infectados. A doença tem como alvo o sistema linfático do corpo. As larvas microscópicas infecciosas (microfilárias) desenvolvem-se nos mosquitos vectores e são injectadas no ser humano através de uma refeição de sangue (Dreyer *et al.*, 2000). A filariose é o nome de um grupo de doenças tropicais causadas por vários vermes redondos parasitas (nemátodos) filiformes e pelas suas larvas. As larvas transmitem a doença aos seres humanos através da picada de um mosquito. Pensa-se que a filariose linfática afecta o ser humano há cerca de 4000 anos. Artefactos do antigo Egipto (2000 antes de Cristo) mostram possíveis sintomas de elefantíase. É conhecida por ocorrer em regiões nulas (Ottesen *et al.*, 1997).

Os mosquitos que picam infectados transmitem as larvas infectadas durante uma refeição de sangue. As larvas migram para os vasos linfáticos e para os gânglios linfáticos, onde se desenvolvem em microfilárias - produzindo adultos. Os adultos habitam os vasos linfáticos e os gânglios linfáticos, onde podem viver vários anos. Os vermes fêmeas produzem microfilárias que circulam no sangue. As microfilárias infectam os mosquitos que picam. No interior do mosquito, as microfilárias desenvolvem-se em uma a duas semanas e transformam-se em filariformes infecciosos (Bockarie *et al.*, 2003). Durante uma refeição de sangue subsequente do mosquito, as larvas infectam o hospedeiro humano. Migram para os vasos linfáticos e os gânglios linfáticos do hospedeiro humano, onde se transformam em adultos (Organização Mundial de Saúde, 2013).

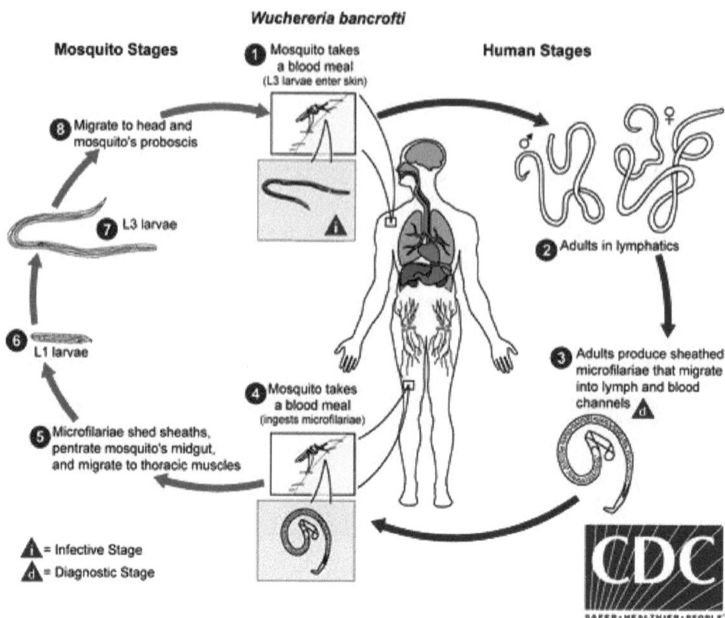

Figura 1: Biologia da filariose linfática (Ciclo de vida da *Wuchereria bancrofti)*

Fonte: (Centro de Controlo de Doenças, 2014)

2.1.2 Doenças Descrição, causalidade e transmissão

A filariose linfática é causada por vermes parasitas filiformes da espécie *Wuchereria bancrofti,* denominados filárias. Estes parasitas filariais, na sua fase adulta, vivem nos vasos do sistema linfático durante 4-6 anos, produzindo milhões de larvas muito pequenas - microfilárias imaturas que circulam no sangue periférico (Kyelem *et al.,* 2008). A infeção é transmitida por mosquitos que picam os seres humanos infectados e recolhem as microfilárias do sangue. Esta doença parasitária debilitante afecta aproximadamente 170 milhões de pessoas nas zonas tropicais e subtropicais do Sudeste Asiático, América do Sul, África e ilhas do Pacífico. Embora a filariose raramente seja fatal, é a segunda principal causa de incapacidade permanente e a longo prazo no mundo. A Organização Mundial de Saúde (OMS) nomeou a filariose como uma das seis únicas doenças infecciosas "potencialmente erradicáveis" e iniciou uma campanha de 20 anos para erradicar a doença (Nelson, 1959).

Em todos os casos, um mosquito pica primeiro um indivíduo infetado e depois pica outro indivíduo não infetado, transferindo algumas das larvas do verme para o novo hospedeiro (Organização Mundial de Saúde, 2014). Uma vez dentro do corpo, as larvas migram para uma determinada parte do corpo e amadurecem para vermes adultos. A filariose é transmitida de acordo com a parte do corpo que é infetada: a filariose linfática afecta o sistema circulatório que se desloca para o fluido dos tecidos e para as células imunitárias (sistema linfático); a filariose subcutânea infecta as áreas por baixo da pele e a parte branca do olho; e a filariose serosa da cavidade infecta as cavidades do corpo mas não causa doença (O'Connor *et al.*, 2003).

Os dois tipos mais comuns da doença são a filariose bancroftiana e a filariose malaia, ambas as formas no sudeste da Ásia, nas ilhas do Pacífico e nas regiões tropicais e subtropicais da América do Sul e das Caraíbas. A filariose malaia ocorre apenas no sul e sudeste da Ásia. A filariose é ocasionalmente encontrada nos Estados Unidos, especialmente entre os imigrantes das Caraíbas e das ilhas do Pacífico (Pani *et al.*, 1990).

A larva transforma-se num verme adulto num período de seis meses a um ano e pode viver entre quatro e seis anos. Cada verme fêmea pode produzir milhões de larvas, e estas larvas só aparecem na corrente sanguínea durante a noite, altura em que podem ser transmitidas, através de uma picada de inseto, a outro hospedeiro. Uma única picada não é normalmente suficiente para adquirir uma infeção; por isso, os viajantes de curta duração estão normalmente seguros. É necessária uma série de picadas múltiplas ao longo de um período para estabelecer uma infeção. Como resultado, os indivíduos que são regularmente activos ao ar livre durante a noite e os que passam mais tempo em áreas remotas da selva correm um risco acrescido de contrair a infeção por filariose (Mark *et al.*, 2010).

2.1.3 Epidemiologia da filariose linfática

Em África, estima-se que 406 milhões de pessoas estejam em risco de contrair filariose linfática, o que representa 30% do fardo global. A maior parte delas vive em zonas remotas e pobres. Suspeita-se que 39 países dos climas tropical e equatorial da África Subsariana sejam endémicos. A filariose linfática é co-endémica em 9 países, o que está a impedir a implementação da quimioterapia. 33 países necessitam de implementação preventiva da quimioterapia (Tylor *et al.*, 2010).

2.1.4 Manifestações clínicas

O desenvolvimento da filariose linfática nos seres humanos continua a ser um enigma: embora a infeção seja geralmente adquirida no início da infância, a doença pode demorar anos a manifestar-se. Estudos demonstraram que doentes aparentemente saudáveis podem ter uma patologia linfática oculta. A infeção assintomática é frequentemente caracterizada pela presença de milhares de milhões de parasitas larvares (microfilárias) no sangue e de vermes adultos no sistema linfático

(DeVries, 2002).

Os sintomas mais graves da doença crónica aparecem geralmente nos adultos e nos homens com mais frequência do que nas mulheres. Nas comunidades endémicas, cerca de 10-50% dos homens sofrem de lesões genitais, nomeadamente hidrocele (aumento dos sacos cheios de líquido à volta dos testículos) e elefantíase (aumento grosseiro) do pénis e do escroto. A elefantíase de toda a perna ou braço, da vulva e da mama pode afetar até 10% dos homens e mulheres destas comunidades. O linfedema pode desenvolver-se num prazo de 6 meses e a elefantíase num prazo de um ano após a chegada (Ottesen *et al.*, 1997).

2.1.5 Diagnóstico da doença

O método padrão para o diagnóstico da infeção ativa é a identificação de microfilárias num esfregaço de sangue por exame microscópico. As microfilárias que causam a filariose linfática circulam durante a noite (chamada periodicidade nocturna). A colheita de sangue é feita à noite para coincidir com o aparecimento das microfilárias, e é feito um esfregaço espesso com Giemsa ou hematoxilina e eosina, para aumentar a sensibilidade (Weil, 1990).

As técnicas serológicas constituem uma alternativa à deteção microscópica de microfilárias para o diagnóstico da filariose linfática. Os doentes com infeção filarial ativa têm normalmente níveis elevados de IgG4 antifilarial no sangue, que podem ser detectados através de ensaios de rotina. Como o linfedema pode desenvolver-se muitos anos após a infeção, é mais provável que os testes laboratoriais sejam negativos nestes doentes (Anand *et al.*, 2007).

2.1.6 Prevenção da filariose linfática

Evitar as picadas de mosquito através de medidas de proteção pessoal ou do controlo de vectores a nível comunitário é a melhor opção para prevenir a filariose linfática. O exame periódico do sangue para detetar a infeção e o início do tratamento recomendado também são susceptíveis de prevenir as manifestações clínicas (Rath *et al.*, 2006). Para eliminar a filariose linfática como um problema de saúde pública, temos de parar a propagação da infeção. A estratégia para interromper a transmissão da filariose linfática inclui a promoção da utilização de redes mosquiteiras, evitar picadas de mosquitos, utilização de produtos químicos como insecticidas, uso de calçado e higiene; lavar os pés e as pernas com água e sabão e utilizar antibióticos em casos de infeção (Ahorlu *et al.*, 1999).

2.2Podoconiose (filariose não linfática)

2.2.1 Visão geral

O nome comum para esta doença é podoconiose, ou "elefantíase" (inchaço da perna) não-filarial, para a distinguir de outros tipos de elefantíase comummente encontrados nos trópicos, chamada elefantíase endémica não-filarial. A podoconiose é uma elefantíase não-filarial causada pela exposição prolongada dos pés descalços a solos vulcânicos em áreas endémicas (Fuller, 2005). As partículas de silicato irritantes penetram na pele, causando um linfedema progressivo e debilitante da parte inferior da perna, que começa frequentemente na segunda década de vida. Ernest W. Price, um cirurgião britânico que vivia na Etiópia, descobriu a verdadeira etiologia da podoconiose nas décadas de 1970 e 1980, estudando os gânglios linfáticos e os vasos das pessoas afectadas pela doença. Utilizando a microscopia ótica, Price descobriu células macrofágicas carregadas de micropartículas nos gânglios linfáticos da extremidade afetada e, depois, examinando o mesmo tecido utilizando a microscopia eletrónica, conseguiu identificar a presença de silício, alumínio e outros metais do solo tanto nos fagossomas dos macrófagos como aderidos à superfície dos linfócitos. Price demonstrou que os vasos linfáticos destes doentes apresentavam edema subendotelial e eventual colagenização do lúmen, levando a um bloqueio completo (Price *et al.*, 1978).

Os efeitos da sílica ou do solo alcalino nos gânglios linfáticos e nos vasos apresentam possíveis mecanismos na patogénese da elefantíase endémica não-filarial. A elefantíase tropical não filarial, que ocorre em certas áreas vulcânicas do mundo, foi postulada como sendo uma linfopatia obstrutiva devido aos efeitos fibrogénicos da sílica absorvida através da pele plantar de pessoas descalças. A sílica intralinfática provocou uma reação imediata e intensa dos macrófagos com fibrose posterior, tanto nos vasos linfáticos como, em menor grau, nos gânglios linfáticos (Harvey *et al.*, 1996).

A linfografia indicou que a consequente obstrução resultava mais dos efeitos da sílica nos vasos do que nos nódulos. Foi identificada pela OMS como uma doença tropical negligenciada em 2011, mas não foi definida qualquer meta global para a sua eliminação. Nos últimos anos, tem havido um progresso notável no controlo da podoconiose e a eliminação está agora na agenda de saúde global, descrevemos os sintomas da doença, o seu impacto socioeconómico, as estratégias de controlo e a viabilidade da eliminação (Organização Mundial de Saúde, 2014).

2.2.2 Fisiopatologia

A fisiopatologia da podoconiose é uma combinação de uma suscetibilidade genética não caracterizada e de uma exposição cumulativa a solos irritantes. Em indivíduos susceptíveis, as partículas de silicato de solos irritantes são aparentemente absorvidas através dos pés e acumulam-se nos vasos linfáticos e nos nódulos. Com o tempo, ocorre edema subendotelial nos vasos linfáticos e a colagenização do lúmen leva ao bloqueio completo. A suscetibilidade genética para a podoconiose não foi elucidada e, alternativamente, foi sugerida como sendo autossómica recessiva ou autossómica codominante (Destas *et al.*, 2003).

O linfedema, também conhecido como obstrução linfática, é uma condição de retenção localizada de líquidos e inchaço dos tecidos causada por um sistema linfático comprometido.

O sistema linfático devolve o líquido intersticial ao ducto torácico e depois à corrente sanguínea, onde é recirculado de volta para os tecidos.

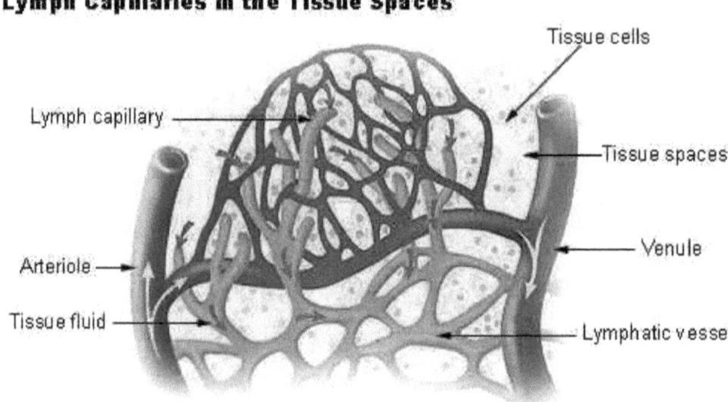

Figura 2: Capilares linfáticos nos espaços tecidulares

Fonte: (Destas et al., 2003).

Os sintomas podem incluir fadiga severa, um membro pesado e inchado ou acumulação localizada de fluido noutras áreas do corpo, incluindo a cabeça ou o pescoço, descoloração da pele que cobre o linfedema e, eventualmente, deformidade (elefantíase) (Aspelund *et al.*, 2016).

2.2.2 Sinais e sintomas da doença

A podoconiose é caracterizada por uma fase prodrómica antes do aparecimento da elefantíase. Os sintomas iniciais comuns incluem comichão na pele do antepé e uma sensação de ardor no pé e na perna, especialmente após períodos de atividade física intensa, edema plantar, aumento das marcas na pele, hiperqueratose com a formação de papilomas semelhantes a musgo e dedos dos pés em "bloco" (rígidos). Os principais sinais precoces da podoconiose são a abertura do antepé, o inchaço do pé e da perna que desaparece após repouso noturno e o espessamento da pele. O inchaço das pernas afectadas torna-se macio e pontiagudo ou nodular e fibrótico (Destas *et al.*, 2003). A fase tardia da doença é caracterizada pela fusão dos dedos dos pés e pela rigidez das articulações. A história do doente e os resultados de um exame físico e de certos testes específicos da doença podem permitir excluir a elefantíase filarial, o linfedema de doença sistémica ou a lepra. A ausência de quaisquer testes no local de tratamento para o diagnóstico da podoconiose é um desafio contínuo, especialmente quando se considera a eliminação da doença.

Os sintomas mais graves da doença crónica aparecem geralmente nos adultos e nas mulheres com mais frequência do que nos homens (Price *et al.*, 1978).

2.2.3 Causa e transmissão da doença

As provas sugerem que a podoconiose é o resultado de uma reação inflamatória anormal, geneticamente determinada, a partículas minerais em solos argilosos vermelhos irritantes derivados de depósitos vulcânicos. É também uma doença não infecciosa causada pela exposição dos pés descalços a determinados tipos de solo. Se não for tratada, resulta em inchaço progressivo e desfiguração radical da parte inferior das pernas e dos pés. A podoconiose é sobretudo uma doença das pessoas que andam descalças nos campos, especialmente em solos argilosos vermelhos de zonas vulcânicas de montanha. Pensa-se que as partículas de argila, absorvidas através de fendas e fissuras na pele do pé, são absorvidas pelo sistema linfático do membro inferior.

Estas partículas parecem reagir diretamente com o sistema linfático na parte inferior das pernas, provocando uma resposta inflamatória crónica e elefantíase (Price, 1976). Nas fases iniciais da doença, ocorre uma variedade de alterações cutâneas características, incluindo o desenvolvimento de projecções rugosas na superfície. Nas fases mais avançadas da doença, os membros apresentam uma grande variedade e gravidade de linfedema (inchaço do membro devido ao comprometimento da drenagem linfática), fibrose (desenvolvimento de nódulos duros e protuberâncias devido à anormalidade do tecido conjuntivo) e hiperqueratose (frequentemente secura e descamação dramáticas da superfície da pele). No entanto, nem todas as pessoas que vivem descalças no solo contraem a doença, e há fortes indícios de uma componente genética na causa da doença (Korevaar *et al.*, 2012).

2.2.4 Epidemiologia da doença podoconiose

A nível mundial, estima-se que existam pelo menos quatro milhões de pessoas com podoconiose. A doença foi registada em mais de 20 países, dos quais dez têm um elevado peso da doença. Nas zonas endémicas das terras altas destes países, a podoconiose é mais prevalente do que doenças vulgarmente conhecidas, como o VIH/SIDA, a tuberculose, a malária ou a elefantíase filarial (Davey *et al.*, 2007).

A prevalência mais elevada é observada no Uganda, na Tanzânia, no Quénia, no Ruanda, no Burundi, no Sudão e na Etiópia (Sime *et al.*, 2014). Estima-se que na Etiópia existam até 1 milhão de casos de podoconiose (ou seja, 25% do total global de casos). A população de risco da podoconiose é constituída por todas as pessoas que vivem e cultivam em solos irritantes. Estima-se que o solo cubra 8% da superfície da Etiópia, onde vive cerca de 22-25% da população da Etiópia (9,3 milhões). Nalgumas zonas da Etiópia, a prevalência atinge os 9%. A incidência da podoconiose aumenta com a idade, provavelmente devido à exposição cumulativa a solos irritantes. É muito raro ver podoconiose no grupo etário dos 0-5 anos de idade, e a incidência aumenta rapidamente dos 6 aos 20 anos de idade. A podoconiose é mais frequente em zonas de maior altitude com solo vulcânico e estima-se que afecte 4 milhões de pessoas em todo o mundo (Organização Mundial de Saúde, 2014).

Apresentamos aqui a epidemiologia da podoconiose utilizando dados de âmbito nacional da Etiópia. Estes foram recolhidos utilizando um algoritmo clínico predefinido e um painel de abordagens de diagnóstico para excluir outras causas potenciais de linfedema dos membros inferiores. Além disso, foi utilizada uma abordagem de modelização robusta para identificar factores de risco individuais e ambientais da podoconiose entre adultos com 15 anos de idade ou mais. O único outro estudo que ajustou as covariáveis mostrou que as mulheres tinham uma maior probabilidade de podoconiose em comparação com os homens (Sime *et al.*, 2014).

2.2.5 Diagnóstico da podoconiose

A podoconiose começa quase exclusivamente no pé, ao contrário da filariose, em que o edema inicial pode aparecer em qualquer parte das extremidades inferiores. A podoconiose é normalmente bilateral assimétrica, ao passo que a filariose é normalmente unilateral. Para além disso, o diagnóstico diferencial da podoconiose inclui outras causas de linfedema tropical, como a filariose ou a lepra e o micetoma pedis (Davey *et al.*, 2007).

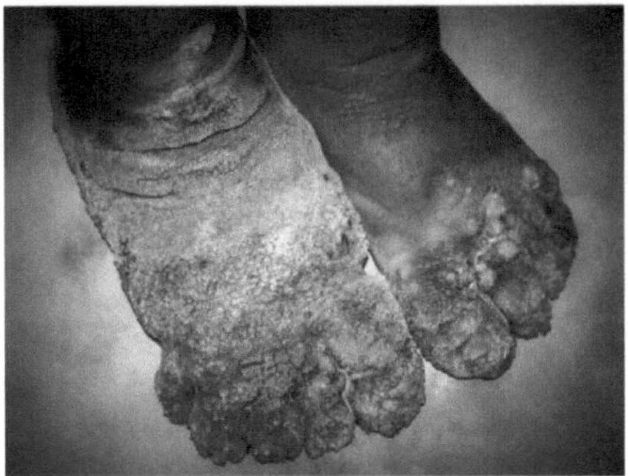

Figura 3: Edema bilateral dos membros inferiores e "musgo" caraterístico da podoconiose.

Fonte da foto: Centro de Saúde de Kinoni, 2016)

Figura 4: Este doente está a receber sabão de compressão como tratamento para podoconiose.

Fonte da foto: Organização Popular de Imidido (2016)

2.2.6 Prevenção de doenças

A prevenção e o tratamento da podoconiose consistem em evitar a exposição a solos irritantes. O uso de sapatos na presença de solos irritantes é o principal método de redução da exposição. No

Ruanda, um país de elevada prevalência, o governo proibiu andar descalço em público, de modo a reduzir a podoconiose e outras doenças transmitidas pelo solo. Quando a doença se desenvolve, uma higiene rigorosa dos pés, incluindo a lavagem diária com água e sabão, a aplicação de um emoliente e a elevação nocturna da extremidade afetada, tem demonstrado reduzir o inchaço e a incapacidade. O envolvimento por compressão e a fisioterapia descongestiva da extremidade afetada demonstraram ser eficazes noutras formas de linfedema, mas os benefícios destas terapias não foram rigorosamente estudados na podoconiose. Os nódulos não se resolvem com estas medidas conservadoras, embora possa ser efectuada a remoção cirúrgica dos nódulos. Em seguida, o doente está a receber ligaduras de compressão como tratamento para a podoconiose (Davey *et al.*, 2007).

CAPÍTULO 3

MATERIAIS E MÉTODOS

3.1 Conceção do estudo

O representante do estudo baseou-se na amostra e nos dados recolhidos durante o período da investigação junto dos pacientes da organização popular Imidido.

3.2 População do estudo

O estudo é dirigido aos pacientes de elefantíase que apresentam sinais de doença e que frequentam a organização popular de Imidido para a consulta clínica de setembro a outubro de 2016.

3.3 Critérios de inclusão e exclusão

Foram incluídos todos os doentes que frequentavam a organização popular Imidido no período desta investigação e que se dispuseram a participar. No entanto, foram excluídos os doentes com deficiência mental.

3.4 Recolha de amostras

A amostra de sangue foi colhida no lóbulo da orelha do terceiro dedo. O dedo foi primeiro limpo com um pedaço de algodão com álcool (70% de etanol) para remover os micróbios. Em seguida, secou-se o dedo com um pano de algodão e, utilizando uma agulha esterilizada ou uma lanceta, fez-se uma punção e aplicou-se uma ligeira pressão para remover a primeira gota de sangue e, rapidamente, o sangue foi recolhido junto aos bordos de uma lâmina limpa. Recolheram-se duas ou três gotas em lâminas e prepararam-se esfregaços espessos.

3.5 Preparação e processamento de amostras de sangue

Os esfregaços espessos preparados foram marcados com o número e a data do doente, utilizando um lápis macio, e fixados com metanol durante 20 segundos. As lâminas foram então coradas com 2 ou 3 gotas de solução de Giemsa durante 20 minutos, lavadas rapidamente com água da torneira limpa e secas ao ar ou ao calor. As lâminas coradas foram então observadas ao microscópio.

3.6 Análise microscópica ligeira

A análise das amostras foi efectuada por exame microscópico de esfregaços espessos corados. As lâminas foram examinadas sob microscopia ótica de alta potência para detetar a presença de parasitas da filariose linfática. Foram observados cem campos de alta potência do esfregaço espesso, sob lentes de imersão em óleo, com uma ampliação de x|00

3.7 Questionário

Foi aplicado um questionário semi-estruturado, que consta do apêndice, aos pacientes com sinais e sintomas de elefantíase que compareceram à organização popular de Imidido para consulta clínica durante o período do estudo. Tal como acontece com outras formas de linfedema tropical, a doença crónica pode levar à fusão dos dedos dos pés, ulceração e superinfeção bacteriana. Foram realizadas entrevistas semi-estruturadas com base nos factores de risco. Durante as actividades de aplicação dos questionários, os dados foram gravados e transcritos para posterior análise com vista a medidas preventivas.

3.8 Entrada e análise de dados

A análise dos dados, a análise descritiva, a frequência e a prevalência foram calculadas.

3.9 Considerações éticas

Os doentes com elefantíase elegíveis receberão informações pormenorizadas sobre o estudo, incluindo a recolha de amostras, a análise e a confidencialidade dos resultados. O formulário de consentimento informado encontra-se nos anexos. Os participantes foram informados dos seus direitos, incluindo a possibilidade de deixarem de participar em qualquer altura ou de saltarem as perguntas a que não quisessem responder. Além disso, este estudo foi aprovado pelo comité de ética do INES-Ruhengeri.

CAPÍTULO 4

RESULTADOS E DISCUSSÃO

4.1 Distribuição dos doentes com elefantíase de acordo com o sexo

Do mesmo modo, os desequilíbrios de género entre homens e mulheres podem influenciar o acesso a recursos, incluindo calçado e comportamentos de higiene. Para além dos factores sociais que podem mediar o efeito da idade e do sexo no risco de doença, as diferenças na suscetibilidade genética e as influências biológicas, nomeadamente hormonais, podem também ser importantes. Os quadros seguintes apresentam a distribuição dos doentes de acordo com o género e a idade.

Tabela 1: Distribuição da podoconiose de acordo com o sexo

Sexo		Podoconiose
		Positivo
Feminino	Frequência	81
	Prevalência (%)	68.1%
Masculino	Frequência	38
	Prevalência (%)	31.9%
Total	Frequência	119
	Prevalência (%)	100.0%

A Tabela I acima mostra a prevalência e a frequência da filariose não linfática ou podoconiose entre os doentes com elefantíase, de acordo com o sexo. As mulheres foram mais afectadas do que os homens, com uma prevalência de (68,1%) e (31,9%), respetivamente. Identificou-se que as mulheres estavam em contacto com o solo devido às suas actividades diárias, como a agricultura. Isto é semelhante ao estudo efectuado na Etiópia, onde a prevalência da podoconiose em Wayu Tuka 'woreda' foi mais elevada entre as mulheres do que entre os homens, com uma prevalência de 3,05% (Bekele *et al.*, 2016).

Quadro 2: Opinião dos inquiridos segundo a idade

Idade		Podoconiose
		Positivo
[10-35[	Frequência	19
	Prevalência (%)	15.96 %
[35-60[	Frequência	44
≥60	Prevalência (%)	36.97 %
	Frequência	56

	Prevalência (%)	47.05 %
Total	Frequência	119
	Prevalência (%)	100.0%

O quadro acima mostra uma elevada prevalência de podoconiose entre os doentes com mais de 60 anos. Isto pode ser explicado pelo facto de as pessoas desta idade terem nascido num período em que, no nosso país, as pessoas trabalhavam sem usar sapatos durante as diferentes actividades e a maioria das pessoas eram agricultores. A contaminação era muito fácil através do contacto com a pele e o solo. Estudos anteriores efectuados na Etiópia, no Uganda e nos Camarões também documentaram um aumento da prevalência com a idade. Um estudo realizado no norte da Etiópia apresenta uma prevalência diferente consoante a faixa etária; a prevalência era mais elevada nas mulheres do que nos homens e aumentava com a idade, sendo o grupo etário economicamente ativo (15-64 anos de idade) fortemente afetado (Sime *et al.*, 2014).

4.3 Distribuição da podoconiose de acordo com o sector

Este estudo foi efectuado entre os pacientes que frequentam a organização popular Imidido do distrito de Musanze. O quadro abaixo apresenta os resultados obtidos dos pacientes seleccionados de acordo com os seus diferentes sectores.

Sector		Filariose não linfática
		Positivo
Nyange	Frequência	**11**
	Prevalência (%)	**9.24%**
Cyuve	Frequência	**11**
	Prevalência (%)	**9.24%**
Muhoza	Frequência	**6**
	Prevalência (%)	**5.04%**
Muko	Frequência	**3**
	Prevalência (%)	**2.52%**
Gahunga	Frequência	**12**
	Prevalência (%)	**10.08%**
Kimonyi	Frequência	**9**
	Prevalência (%)	**7.56%**
Rugarama	Frequência	**25**

	Prevalência (%)	**21%**
Kinoni	Frequência	**15**
	Prevalência (%)	**12.6%**
Cianica	Frequência	**7**
	Prevalência (%)	**5.88%**
Musanze	Frequência	**6**
	Prevalência (%)	**5.04%**
Nkotsi	Frequência	**1**
	Prevalência (%)	**0.84%**
Kigombe	Frequência	**1**
	Prevalência (%)	**0.84%**
Migishi	Frequência	**1**
	Prevalência (%)	**0.84%**
Kabirizi	Frequência	**1**
	Prevalência (%)	**0.84%**
Gafuka	Frequência	**6**
	Prevalência (%)	**5.04%**
Kagogo	Frequência	**2**
	Prevalência (%)	**1.68%**
Cyahi	Frequência	**1**
	Prevalência (%)	**0.84%**
Kidaho	Frequência	**1**
	Prevalência (%)	**0.84%**
Total	Frequência	**119**
	Prevalência (%)	**100%**

O quadro acima mostra que os sectores de Rugarama e Kinoni recebem muitos doentes com podoconiose entre os doze sectores, com uma prevalência de (21%) e (12,6%), respetivamente; isto pode dever-se à distribuição geográfica, porque estes sectores estão localizados perto de vulcões e, por conseguinte, a população pode ser contaminada por solo vulcânico durante o cultivo, especialmente em grande escala.

De acordo com o estudo efectuado na Etiópia, a prevalência da podoconiose no "woreda" de Wayu

Tuka foi ligeiramente inferior à registada no "woreda" de Gulliso, na parte ocidental de Wollega, 2,8% e 5%, respetivamente. No entanto, foi inferior à registada em Debre Elias 'woreda' (3,3%) e Dembecha 'woreda' (3,4%), porque estes sectores se situam perto de vulcões na Etiópia. Este estudo foi semelhante às causas mas diferente da prevalência (Destas *et al*, 2003).

Distribuição da podoconiose segundo o nível de escolaridade e a profissão

Os resultados apresentam os conhecimentos básicos dos doentes examinados de acordo com os seus níveis de escolaridade. A profissão dos doentes também foi tida em conta.

Quadro 4: Conhecimentos básicos dos doentes sobre a podoconiose de acordo com o nível de escolaridade

Educação		Podoconiose
		Positivo
Analfabeto	Frequência	89
	Prevalência (%)	74.8%
Primário	Frequência	30
	Prevalência (%)	25.2%
Total	Frequência	119
	Prevalência (%)	100 %

A tabela acima apresenta um elevado nível de ignorância sobre a doença podoconiose entre os pacientes analfabetos com prevalência (74,8%), o nível primário de educação ocupa o segundo lugar (25,2%) e nenhum nível secundário ou universitário é apresentado nesta tabela. Estes resultados de elevada prevalência entre os pacientes sem instrução significam ignorância sobre o modo de transmissão, prevenção e falta de competências para comportamentos de higiene para evitar a podoconiose. Este estudo é semelhante ao de Wayu Tuka na Etiópia, onde mais de 75% não tinham educação formal e a maioria (94,5%) dos participantes do estudo eram agricultores (Bekele *et al.*, 2016).

Tabela 5 Prevalência da podoconiose de acordo com a profissão do doente

Profissão		Podoconiose
		Positivo
Agricultores	Frequência	91

	Prevalência (%)	76.4%
Pastor	Frequência	20
	Prevalência (%)	16.8%
Estudantes	Frequência	4
	Prevalência (%)	3.4%
Não profissional	Frequência	4
	Prevalência (%)	3.4%

Este quadro mostra que os agricultores (76,5%) foram mais infectados pela podoconiose do que os outros. Isto pode dever-se ao facto de o seu trabalho de rotina os expor a produtos contaminados que facilitam o modo de transmissão da podoconiose. Os estudantes e os que não tinham qualquer emprego foram menos afectados. Num estudo realizado no distrito de Midekagn, na Etiópia, até 96,7% dos participantes no estudo eram agricultores e 3,3% eram estudantes (Geshere *et al.*, 2012). Também num estudo realizado na Etiópia Ocidental, (92,5%) eram agricultores de subsistência (Tekola *et al.*, 2013).

4.6 Distribuição da podoconiose associada à higiene

A tabela abaixo representa os resultados da podoconiose entre os pacientes rastreados de acordo com os hábitos de higiene.

Tabela 6 Distribuição da podoconiose de acordo com a higiene corporal dos doentes

Higiene corporal	Cortar a unha dos dedos dos pés	Prevalência (%)	Usar frequentemente sapatos	Prevalência (%)
Sempre utilizado	7	5.9	0	0
Por vezes utilizado	14	11.8	29	24.4
Nunca utilizado	98	82.4	90	75.6

A tabela acima mostra comportamentos de higiene com uma elevada prevalência de podoconiose em pessoas que nunca cortam as unhas dos pés (82,4%), esta parte das unhas dos pés pode ser o local onde o solo se acumula e depois começa a ser transmitido para o interior da pele. As pessoas que nem sempre usam sapatos apresentam também uma prevalência elevada (75,6%); isto pode explicar a causa da podoconiose, uma vez que os sapatos são utilizados como artigos de proteção contra infecções. Esta elevada prevalência está em concordância com a prevalência encontrada no estudo efectuado na Etiópia Ocidental, onde 104 doentes estavam descalços (41,8% [77/184] das mulheres vs 20,7% [27/130] dos homens; x^2 = 22,5, p < 0,001); estes doentes afirmaram que não usavam sapatos em pisos domésticos não cimentados, enquanto cultivavam campos ou noutros locais que continham solo de argila vermelha. E sessenta e quatro de 317 pacientes (20,2%) disseram ter acesso inadequado à água (Tekola *et al.*, 2013).

CAPÍTULO 5

CONCLUSÃO E RECOMENDAÇÕES

5. I Conclusão

Este trabalho de investigação intitulado "Avaliação das doenças de filariose linfática e podoconiose e factores de risco associados" foi realizado em pacientes que frequentam a organização popular de Imidido e a filial de Kinoni no distrito de Musanze.

Durante este estudo, foram colhidas amostras de sangue para a deteção de parasitas filariais. Os resultados foram analisados e a podoconiose foi confirmada nos doentes avaliados; não foi detectada filariose linfática. A falta de conhecimento sobre os factores de risco, a transmissão, os cuidados e a prevenção da doença é comum entre as pessoas que vivem em áreas endémicas de podoconiose.

O efeito económico da podoconiose nos doentes e nas famílias dos doentes afectados é também enorme. Existe um ciclo vicioso de pobreza e podoconiose. Relativamente aos resultados desta investigação, nem todas as hipóteses foram verificadas e a podoconiose pode dever-se à exposição prolongada dos pés descalços ao solo vulcânico.

5.2 Recomendações

• Aumentar a consciencialização do público através da organização de uma campanha de sensibilização sobre os conhecimentos básicos da podoconiose e dar ênfase à questão para as pessoas que vivem na Província do Norte.

• Sensibilizar as pessoas para a importância de usar sempre sapatos.

• Promover e apoiar a missão de diagnóstico, tratamento, cuidados e prevenção dos doentes de podoconiose na organização popular de Imidido, a fim de erradicar a transmissão da doença

• Realizar uma análise do solo vulcânico para revelar a associação exacta entre a podoconiose e a transmissão do solo vulcânico.

Co-autores

Dr. Pacifique NDISHIMYE

Tem um mestrado e doutoramento em Ciências da Vida e Tecnologias da Saúde, PGCertHE, e está atualmente a completar uma bolsa de pós-doutoramento em Investigação Clínica. É professor de Ciências Biomédicas e está ativamente envolvido em projectos de investigação médica.

Thierry HABYARIMANA

Possui um mestrado especializado em Ciências e Tecnologias da Vida e da Saúde pela Universidade Mohammed V, Rabat, Marrocos. É candidato a doutoramento em Oncologia, professor assistente no departamento de Ciências Biomédicas Laboratoriais (BLS). A sua investigação atual centra-se principalmente na epidemiologia tradicional e molecular do cancro da mama.

Prof. Leon Mutesa

É professor associado de Genética Humana e Diretor do Centro de Genética Médica, Faculdade de Medicina e Ciências da Saúde, Universidade do Ruanda. É também investigador principal de numerosas bolsas de investigação e publicou mais de 70 artigos em revistas internacionais com revisão por pares.

Nicolas Ake MUGEMANGANGO

Licenciado em Ciências Biomédicas Laboratoriais, os seus actuais interesses de investigação estão principalmente orientados para a Parasitologia e projectos relacionados com as ciências biomédicas laboratoriais.

Evariste BIZIMANA

Tem um mestrado em Saúde Pública. É assistente tutorial no departamento de Ciências Biomédicas Laboratoriais. As suas investigações actuais centram-se nas doenças parasitárias e na Higiene e Saneamento.

Thomas BISHYIZEHAGARI

Atualmente a trabalhar para a Organização Popular Imidido

REFERÊNCIAS

Ahorlu, C. K., Dunyo, S. K., Koram, K. A., Nkrumah, F. K., Aagaard-Hansen, J., & Simonsen, P. E. (1999). Percepções e práticas relacionadas com a filariose linfática na costa do Gana: implicações para a prevenção e o controlo. *Ata Tropica, 73(* 3), 251-261.

Anand, S. B., Gnanasekar, M., Thangadurai, M., Prabhu, P. R., Kaliraj, P., & Ramaswamy, K. (2007). Estudos de resposta imunitária com o homólogo do alergénio da vespa de Wuchereria bancrofti (WbVAH) na filariose linfática humana. *Parasitology research,* 101(4), 981-988.

Aspelund, A., Robciuc, M. R., Karaman, S., Makinen, T., & Alitalo, K. (2016). Sistema linfático na medicina cardiovascular. *Circulation research,* 118(3), 515530.

Bockarie, M. J., Tisch, D. J., Kastens, W., Alexander, N. D., Dimber, Z., Bockarie, F., ... & Kazura, J. W. (2002). Mass treatment to eliminate filariasis in Papua New Guinea (Tratamento em massa para eliminar a filariose na Papua Nova Guiné). *New England Journal of Medicine,* 347(23), 1841-1848.

Davey, G., GebreHanna, E., Adeyemo, A., Rotimi, C., Newport, M., & Desta, K. (2007). Podoconiose: um modelo tropical para interacções gene-ambiente? *Transactions of the Royal Society of Tropical Medicine and Hygiene,* 101(1), 91-96.

Davey, G., Tekola, F., & Newport, M. J. (2007). Podoconiose: elefantíase geoquímica não infecciosa. *Transactions of the Royal Society of Tropical Medicine and Hygiene,* 101(12), 1175-1180.

Desta, K., Ashine, M., & Davey, G. (2007). Valor preditivo da avaliação clínica de pacientes com podoconiose num contexto comunitário endémico. *Transactions of the Royal Society of Tropical Medicine and Hygiene,* 101(6), 621-623.

Destas, K., Ashine, M., & Davey, G. (2003). Prevalência de podoconiose (elefantíase endémica não-filarial) em Wolaitta, no Sul da Etiópia. *Tropical Doctor,* 33(4), 217-220.

DeVries, C. R. (2002). O papel do urologista no tratamento e eliminação da filariose linfática a nível mundial. *BJU international,* 89(1), 37-43.

Dreyer, G., Noroes, J., Figueredo-Silva, J., & Piessens, W. F. (2000). Patogénese da Doença Linfática na Filariose Bancroftiana: Uma Perspetiva Clínica. *Parasitology Today,* 16(12), 544-548.

Evans, D. B., Gelband, H., & Vlassoff, C. (1993). Social and economic factors and the control of lymphatic filariasis: a review. *Ata tropica, 53*(1), 1-26.

Fuller, L. C. (2005). Podoconiose: elefantíase endémica não filarial. *Opinião atual em doenças infecciosas, 18*(2), 119-122.

Harvey, R., Powell, J. J., & Thompson, R. P. H. (1996). A review of the geochemical factors linked to podoconiosis. *Geological Society, London, Special Publications,* 113(1), 255-260.

Hotez, P. J., Bottazzi, M. E., Franco-Paredes, C., Ault, S. K., & Periago, M. R. (2008). The neglected tropical diseases of Latin America and the Caribbean: a review of disease burden and distribution and a roadmap for control and elimination. *PLoS Negl Trop Dis,* 2(9), 300.

Hotez, P. J., Brindley, P. J., Bethony, J. M., King, C. H., Pearce, E. J., & Jacobson, J. (2008). Infecções por helmintos: as grandes doenças tropicais negligenciadas. *The Journal of clinical investigation,* II 8(4), I3II-I32I.

Korevaar, D. A., & Visser, B. J. (20I2). Podoconiose, uma doença tropical negligenciada. *Neth. J. Med,* 70(5), 2I0-2I4.

Kyelem, D., Biswas, G., Bockarie, M. J., Bradley, M. H., El-Setouhy, M., Fischer, P. U., ... & Ottesen, E. A. (2008). Determinantes do sucesso em programas nacionais para eliminar a filariose linfática: uma perspetiva que identifica elementos essenciais e necessidades de investigação. *The American journal of tropical medicine and hygiene,* 79(4), 480-484.

Mark. J., Hoerauf, A., & Bockarie, M. (20I0). Lymphatic filariasis and onchocerciasis. *The Lancet,* 376(9747), II75-II85.

Molyneux, D. H., Bradley, M., Hoerauf, A., Kyelem, D., & Taylor, M. J. (2003). Mass drug treatment for lymphatic filariasis and onchocerciasis. *Tendências em parasitologia,* 19(11), 516-522.

Nelson, G. S. (1959). The identification of infective filarial larvae in mosquitoes: with a note on the species found in "wild" mosquitoes on the Kenya coast. *Journal of helminthology,* 33(2-3), 233-256.

O'Connor, R. A., Jenson, J. S., Osborne, J., & Devaney, E. (2003). Uma associação duradoura? Microfilariae and immunosupression in lymphatic filariasis. *Tendências em parasitologia,* 19(12), 565-570.

Ottesen, E. A. (1980, dezembro). Immunopathology of lymphatic filariasis in man. Em Springer Seminars in Immunopathology, *Springer Berlin/Heidelberg,* (Vol. 2, No. 4, pp. 373-385).

Ottesen, E. A. (2006). Lymphatic filariasis: treatment, control and elimination. *Avanços em parasitologia, 61*, 395-441.

Ottesen, E. A., Duke, B. O., Karam, M., & Behbehani, K. (1997). Strategies and tools for the control/elimination of lymphatic filariasis (Estratégias e instrumentos para o controlo/eliminação da filariose linfática). *Boletim da Organização Mundial de Saúde, 75*(6), 491.

Pani, S. P., Krishnamoorthy, K., Rao, A. S., & Prathiba, J. (1990). Clinical manifestations in malayan filariasis infection with special reference to lymphoedema grading. *The Indian journal of medical research, 91*, 200-207.

Price, E. W. (1972). A patologia da elefantíase não-filarial dos membros inferiores. *Transactions of the Royal Society of Tropical Medicine and Hygiene, 66*(1), I50IN5I57-I56IN8I59.

Price, E. W. (I976). A associação da elefantíase endémica da parte inferior das pernas na África Oriental com o solo derivado de rochas vulcânicas. *Transactions of the Royal Society of Tropical Medicine and Hygiene, 70*(4), 288-295.

Price, E. W., & Henderson, W. J. (I978). The elemental content of lymphatic tissues of barefooted people in Ethiopia, with reference to endemic elephantiasis of the lower legs. *Transactions of the Royal Society of Tropical Medicine and Hygiene, 72*(2), 132-136.

Rath, K., Nath, N., Shaloumy, M., Swain, B. K., Suchismita, M., & Babu, B. V. (2006). Knowledge and perceptions about lymphatic filariasis: a study during the programme to eliminate lymphatic filariasis in an urban community of Orissa, India (Conhecimentos e percepções sobre a filariose linfática: um estudo durante o programa para eliminar a filariose linfática numa comunidade urbana de Orissa, Índia). *Trop Biomed, 23*(2), 156-162.

Sime, H., Deribe, K., Assefa, A., Newport, M. J., Enquselassie, F., Gebretsadik, A., ... & Reithinger, R. (2014). Mapeamento integrado de filariose linfática e podoconiose: lições aprendidas na Etiópia. *Parasitas e vectores, 7*(1), I.

Taylor, M. J., Hoerauf, A., & Bockarie, M. (20I0). Lymphatic filariasis and onchocerciasis. *The Lancet, 376*(9747), II75-II85.

Taylor, M. J., Makunde, W. H., McGarry, H. F., Turner, J. D., Mand, S., & Hoerauf, A. (2005). Atividade macrofilaricida após o tratamento com doxiciclina da Wuchereria bancrofti: um ensaio em dupla ocultação, aleatório e controlado por placebo. *The Lancet, 365*(9477), 2II6-2I2I.

Turner, L. H. (I959). Studies on filariasis in Malaya: the clinical features of filariasis due to Wuchereria malayi. *Transactions of the Royal Society of Tropical Medicine and Hygiene, 53*(2), I54-I69.

Turner, L. H. (1959). Studies on filariasis in Malaya: the clinical features of filariasis due to Wuchereria malayi. *Transactions of the Royal Society of Tropical Medicine and Hygiene,* 53(2), 154-169.

Visser, B. J. (2014). Como os cientistas do solo ajudam a combater a podoconiose, uma doença tropical negligenciada. *Revista internacional de investigação ambiental e saúde pública,* 11(5), 5133-5136.

Weil, G. J. (1990). Parasite antigenemia in lymphatic filariasis. *Experimental parasitology,* 71(3), 353-356.

APÊNDICES

Apêndice 1: Questionário

INES-Ruhengeri

Departamento de Ciências Biomédicas Laboratoriais

Avaliação da filariose linfática e da podoconiose e dos factores de risco associados.

Introdução

Bom dia? Boa tarde?

Eu sou do INES-Ruhengeri, devido à visão a longo prazo da nossa faculdade que é de ciências aplicadas, é necessária muita e profunda investigação. Assim, também devido à pesquisa que estou a realizar neste projeto na organização do povo Imidido, estou interessado em compreender o seu ponto de vista sobre a **avaliação da elefantíase e factores de risco associados entre as pessoas que vivem em Musanze**. Garanto-lhe que, se me permitir discutir cerca de 10 minutos do seu tempo, para lhe fazer algumas perguntas, a sua participação na resolução do problema será alcançada e manterei confidencial toda a informação que me der e que será usada apenas para este fim de pesquisa.

Obrigado!

Critérios de inclusão:

Todos os pacientes atendidos na organização popular de Imidido com doença de elefantíase.

Critérios de exclusão:

Todos os doentes que se recusem a participar no estudo e os doentes com deficiências mentais.

I. Identificação do doente (Umwirondoro w'umurwayi)

1	Sexo (Igitsina)	1. Homem (Gabo): /_/ 2. Feminino (Gore): /_/
2	Idade (Imyaka ufite)	[l0-35[: [35-60[: ≥ 60:
3	Sector (Umurenge)	

4	Distrito (Akarere)	
5	Província (Intara)	
6	Estado civil (Irangamimerere)	Solteiro (Ingaragu) Maried (Uwubatse) Viúva(umupfakazi)
7	Nível de instrução (Amashuri yize)	Não (Oya) Escola primária (Abanza) Escola Secundária (Ayisumbuye) Universidade (Kaminuza)
8	Profissão (Icyo akora)	Agricultor (Umuhinzi cg Umworozi) Funcionário público (Umukozi) Privado (Uwikorera indi mirimo) Local de trabalho preciso (Aho ukorera):
9	Estatuto socioeconómico (Ubudehe)	Icyiciro cy'ubudehe:
10	Habitat (Aho utuye)	Cidade (Umugi) Centro comercial (Agacenteri) Aglomeração (Umudugudu) Rural (Icyaro)

II. Sensibilização para os factores de risco da elefantíase (Ubumenyi ku mpamvu zitera imidido)

Utilização e origem dos mosquiteiros (Uburyo ukoresha inzitira mibu)

a. Sempre utilizado (Buri gihe)

b. Por vezes utilizado (Rimwe na rimwe)

c. Nunca utilizado (Nta na rimwe)

B. Higiene corporal (Isuku y' umubiri)

Antes e depois da ação agrícola, lavamos o nosso corpo (Mbere Na nyuma yokujya mubuhinzi turakaraba)

a. Sempre (Buri gihe)

b. Às vezes (Rimwe na rimwe)

c. Nunca (Nta na rimwe)

Corto as minhas unhas quando começam a crescer para evitar o contacto com o solo (Nkata inzara z'intoki kugirango nirinde ubandu bw'ubutaka)

a. Sempre (Buri gihe)

b. Às vezes (Rimwe na rimwe)

c. Nunca (Nta na rimwe)

Usa frequentemente sapatos? (Nambara inkweto)

a. Sempre (Buri gihe)

b. Às vezes (Rimwe na rimwe)

c. Nunca (Nta na rimwe)

Conhecemos as funções do uso de sapatos? (ese tuzakamaro kokwambara inkweto?)

Sim...

Não...

Conhecemos os diferentes tipos de solo? (ese tuzi neza amoko y'ubutaka dutuyeho)

Sim...

Não...

Apêndice 2: Quadro de resultados

ID	Idade	Sexo	Sector	Educação	Observação filariose linfática	Podoconiose
1	53	F	kimonyi	Nunca	Negativo	Positivo
2	66	F	kimonyi	Nunca	Negativo	Positivo
3	52	F	Nyange	Primário	Negativo	Positivo
4	58	F	Nyange	Nunca	negativo	Positivo
5	73	F	Cyuve	Nunca	negativo	Positivo
6	5I	M	Muhoza	Nunca	negativo	Positivo
7	90	F	kimonyi	Nunca	negativo	Positivo
8	62	F	musanze	Nunca	negativo	Positivo
9	56	F	Nyange	Nunca	negativo	Positivo
10	59	F	Cyuve	Nunca	negativo	Positivo
II	56	F	gahunga	Nunca	negativo	Positivo
12	5I	F	Muhoza	Nunca	negativo	Positivo
I3	57	F	gahunga	Nunca	negativo	Positivo
I4	26	F	Nyange	Primário	negativo	Positivo
I5	26	F	musanze	Nunca	negativo	Positivo
I6	56	F	kimonyi	Nunca	negativo	Positivo
I7	28	M	Cyuve	Primário	negativo	Positivo
I8	I8	F	Muhoza	Primário	negativo	Positivo
I9	I7	F	gahunga	Nunca	negativo	Positivo
20	56	F	Nyange	Nunca	negativo	Positivo
2I	20	M	Cyuve	Nunca	negativo	Positivo
22	54	F	musanze	Nunca	negativo	Positivo
23	I6	F	musanze	Primário	negativo	Positivo
24	22	F	Nyange	Nunca	negativo	Positivo
25	I4	F	Cyuve	Primário	negativo	Positivo

26	22	M	gahunga	Primário	negativo	Positivo
27	26	F	Nyange	Primário	negativo	Positivo
28	24	F	gahunga	Primário	negativo	Positivo
29	61	M	Muko	Primário	negativo	Positivo
30	61	F	Nyange	Primário	negativo	Positivo
31	51	F	kimonyi	Nunca	negativo	Positivo
32	33	F	Nkotsi	Primário	negativo	Positivo
33	63	F	Cyuve	Nunca	negativo	Positivo
34	63	F	kimonyi	Nunca	negativo	Positivo
35	81	F	kimonyi	Nunca	negativo	Positivo
36	54	F	Muko	Primário	negativo	Positivo
37	72	F	Cyuve	Nunca	negativo	Positivo
38	80	M	Kigombe	Nunca	negativo	Positivo
39	44	F	Muhoza	Nunca	negativo	Positivo
40	63	F	Cyuve	Nunca	negativo	Positivo
41	43	F	Muhoza	Nunca	negativo	Positivo
42	36	F	Cyuve	Nunca	negativo	Positivo
43	68	M	Muko	Primário	negativo	Positivo
44	56	F	Kinigi	Nunca	negativo	Positivo
45	70	F	Nyange	Nunca	negativo	Positivo
46	68	F	Musanze	Nunca	negativo	Positivo
47	36	F	Kabirizi	Nunca	negativo	Positivo
48	50	F	Musanze	Nunca	negativo	Positivo
49	35	F	Cyuve	Nunca	negativo	Positivo
50	67	F	Cyuve	Nunca	negativo	Positivo
51	46	F	Nyange	Primário	negativo	Positivo
52	56	M	Nyange	Nunca	negativo	Positivo
53	46	F	Kimonyi	Nunca	negativo	Positivo

54	31	F	Kimonyi	Primário	negativo	Positivo
55	18	F	Gahunga	Nunca	negativo	Positivo
56	18	F	Muko	Primário	negativo	Positivo
57	75	F	rugarama	Nunca	negativo	Positivo
58	82	M	rugarama	Nunca	negativo	Positivo
59	63	M	rugarama	Primário	negativo	Positivo
60	55	M	rugarama	Primário	negativo	Positivo
61	64	M	rugarama	Nunca	negativo	Positivo
62	70	F	Gahunga	Nunca	negativo	positivo
63	46	M	Kidaho	Nunca	negativo	positivo
64	67	M	Cyahi	Nunca	negativo	positivo
65	65	M	rugarama	Primário	negativo	positivo
66	74	M	Gahunga	Nunca	negativo	positivo
67	60	F	gahunga	Nunca	negativo	positivo
68	70	M	gahunga	Nunca	negativo	positivo
69	77	M	cianica	Nunca	negativo	positivo
70	58	M	rugarama	Nunca	negativo	positivo
71	66	F	cianica	Nunca	negativo	positivo
72	66	M	cianica	Nunca	negativo	positivo
73	87	F	Gafuka	Nunca	negativo	positivo
74	70	M	Kinoni	Primário	negativo	positivo
75	50	F	rugarama	Nunca	negativo	positivo
76	66	F	rugarama	Nunca	negativo	positivo
77	64	M	rugarama	Nunca	negativo	positivo
78	86	M	Kinoni	Nunca	negativo	positivo
79	69	M	rugarama	Nunca	negativo	positivo
80	67	F	rugarama	Nunca	negativo	positivo
81	65	F	Gafuka	Nunca	negativo	positivo

82	85	F	Kagogo	Nunca	negativo	positivo
83	58	F	Kinoni	Nunca	negativo	positivo
84	47	F	Kinoni	Nunca	negativo	positivo
85	63	F	Kinoni	Familiar	negativo	positivo
86	69	F	rugarama	Nunca	negativo	positivo
87	48	F	Cianica	Nunca	negativo	positivo
88	54	M	Gafuka	Nunca	negativo	positivo
89	62	M	Kinoni	Nunca	negativo	positivo
90	76	M	rugarama	Nunca	negativo	positivo
91	62	M	Kinoni	Nunca	negativo	positivo
92	55	F	Cianica	Primário	negativo	positivo
93	76	F	Cyanika	Nunca	negativo	positivo
94	43	F	Kinoni	Nunca	negativo	positivo
95	36	F	rugarama	Primário	negativo	positivo
96	68	M	rugarama	Nunca	negativo	positivo
97	56	M	rugarama	Nunca	negativo	positivo
98	70	M	Kinoni	Nunca	negativo	positivo
99	68	F	rugarama	Nunca	negativo	positivo
100	36	F	rugarama	Nunca	negativo	positivo
101	50	M	Gafuka	Nunca	negativo	positivo
102	35	M	Kagogo	Nunca	negativo	positivo
103	67	M	Kinoni	Nunca	negativo	positivo
104	46	F	Kinoni	Nunca	negativo	positivo
105	56	F	Kinoni	Nunca	negativo	positivo
106	46	F	rugarama	Primário	negativo	positivo
107	3l	F	cianica	Nunca	negativo	positivo
108	l8	F	Kinoni	Nunca	negativo	positivo
109	l8	F	Kinoni	Primário	negativo	positivo

110	75	M	rugarama	Primário	negativo	positivo
III	82	F	Kinoni	Nunca	negativo	positivo
112	63	F	cianica	Nunca	negativo	positivo
II3	55	F	Kinoni	Nunca	negativo	positivo
II4	64	M	rugarama	Nunca	negativo	positivo
II5	70	F	Gafuka	Primário	negativo	positivo
II6	46	M	rugarama	Nunca	negativo	positivo
II7	67	F	Rugarama	Primário	negativo	positivo
II8	65	F	Gahunga	Primário	negativo	positivo
II9	74	F	Gahunga	Primário	negativo	positivo

Printed by Books on Demand GmbH, Norderstedt / Germany